这就是天气

雾霾

庄婧 著　大橘子 绘

九州出版社
JIUZHOUPRESS

图书在版编目（ＣＩＰ）数据

这就是天气．7，这就是雾霾 / 庄婧著 ；大橘子绘
． —— 北京 ：九州出版社，2021.1

ISBN 978-7-5108-9712-2

Ⅰ．①这… Ⅱ．①庄… ②大… Ⅲ．①天气—普及读
物 Ⅳ．① P44-49

中国版本图书馆 CIP 数据核字（2020）第 207928 号

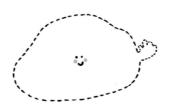

目录

什么是雾

嗨，大家好，我是雾！

你在哪儿呀？我们看不到你。

我就在这里啊。

咦，怎么什么都看不见了？

我是雾，我出现的时候，最爱挡住你们的视线。
甚至让你们开车的时候连前面的车也看不清楚。

如果条件合适了，我可能一早就出现。

太阳刚升起的时候，雾最严重。10点以后，雾才会慢慢散去。

雾是怎样形成的

如果用倍数很大很大的放大镜来观察我，就会发现其实我是由无数的水滴和小冰晶组成的。

早晨温度低，多余的水汽就会凝结起来，很多水汽和空气中的微小灰尘颗粒结合在一起，就会变成小水滴或小冰晶。

这些小水滴和小冰晶混合在一起，就变成我了。

所以我看上去白白的，仙仙的。不过身处其中就是烦恼了，因为我最爱挡人的视线了。

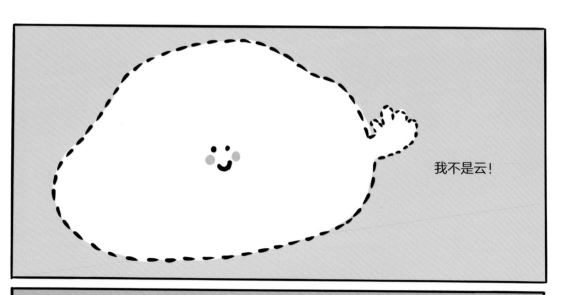

我不是云！

不管从内部组成还是外部颜色上看，好多人都觉得我像云朵。没错，我们都是由水滴和冰晶组成。

云飘在天空中，而我只出现在离地面很近的地方。

雾的等级

调皮的我还是引起了气象学家的注意，根据我能力的不同，他们给我分出了等级。

水平能见度在 1~10 千米时，我还不太厉害，这时他们叫我轻雾。

水平能见度低于 1 千米时，我开始变得有点厉害了，这时他们叫我雾。

水平能见度低于 500 米时，我更厉害了，这时他们叫我大雾。

水平能见度低于 200 米时，我厉害得可以叉腰了，这时他们叫我浓雾。

水平能见度低于 50 米时，我简直厉害得让人讨厌了，这时他们叫我强浓雾。

有时甚至能见度为零，那不成睁眼瞎了嘛。

介绍个最厉害的给你认识，团雾！

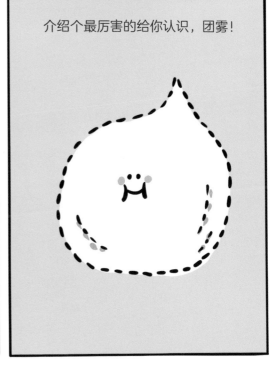

团雾

你在开车时，突然遇到了一团白白胖胖的雾，像是云，但离地面很近。车子被白雾笼罩住之后，就什么都看不见了。

过了一会儿，这团白白胖胖的雾慢悠悠飘走了。真是吓死人了，原来这就是团雾，真可怕呀！

团雾个头很小，还会到处飘动，经常让人猝不及防。

团雾喜欢出现在植被丰富的区域或水洼附近。

高速开车遇到团雾，千万不要惊慌。

也尽量不要加速减速或变道，保持匀速行驶即可。

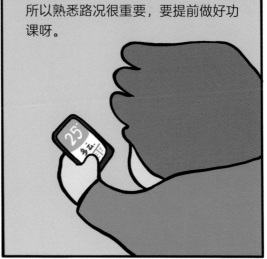

所以熟悉路况很重要，要提前做好功课呀。

我喜欢出现在早晨，所以如果你开车出门，晚一些就会更安全。雾天行车，打开雾灯，慢速行驶会更安全。

提前关注天气预报和高速关闭信息。

15℃
大雾

很多时候我和毛毛雨一起出现。

秋天和冬天更是高发时期。

辐射雾

早晨气温低，空气中水滴变多，冷却使得近地面水汽凝结，这时形成的雾，叫辐射雾。所以辐射雾，不是像你想的那样，我是没有辐射性哟。

在晴朗、微风、水汽充沛的秋冬天早晨，辐射雾出现频次最多。太阳升高后，气温回升，辐射雾就会迅速散去。

早晨地罩雾，尽管晒谷物。

十雾九晴。

所以我出现时往往都是好天气哟。

好天气使者

平流雾

我多发生在冬春时节，以北方沿海地区居多。暖湿空气流动到较冷的地表面，下层冷却，从而形成了我——平流雾。

冷

暖

暖

暖

我经常让城市中的建筑物时隐时现，仙气十足。那些传爆朋友圈的美图，都是我咯。

风对我帮助很大，把我吹来，并通过输送水汽让我维持更长的时间，有时甚至可以维持好几天呢。如果风停了，我很快也会消散掉。

雾的形态和分布

开车的人不喜欢我。

可是如果早晨的你，不经意遇到我，你一定会惊叹于我的美丽。

有时人们身处其中，会被我蒙住双眼；爬到山顶，往下一看，呀，是壮观的云海呢。

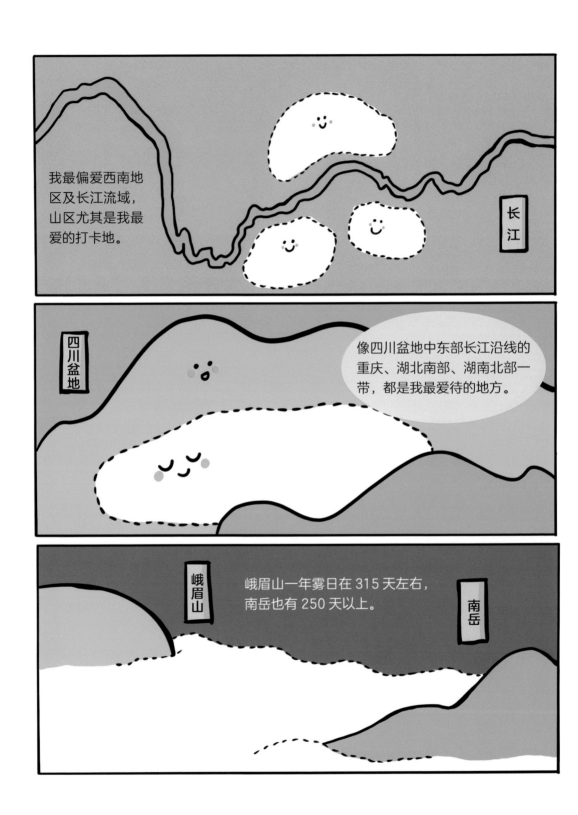

我最偏爱西南地区及长江流域，山区尤其是我最爱的打卡地。

长江

像四川盆地中东部长江沿线的重庆、湖北南部、湖南北部一带，都是我最爱待的地方。

四川盆地

峨眉山一年雾日在 315 天左右，南岳也有 250 天以上。

峨眉山

南岳

重庆更是一度有"雾都"的称号。

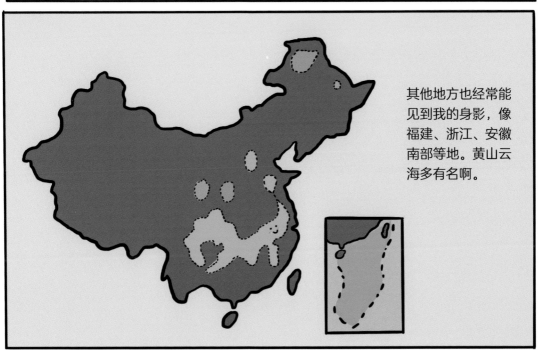

其他地方也经常能见到我的身影，像福建、浙江、安徽南部等地。黄山云海多有名啊。

17

什么是霾

这些年有个小伙伴的出现，总让大家把我们
给弄混。这个小伙伴就是霾！

雾主要是由水滴组成的，湿度大，颜色以乳白色为主，有时美若仙境。

霾的成分相对复杂
一些，混进了一些
小颗粒，看起来颜
色有点发黄发灰。

霾出现时，人们通常会戴上口罩，因为它太脏了。

雾和霾出现时，都会使得能见度降低，对交通出行造成影响。

霾的危害不止于此。霾出现时，空气质量会变差，导致呼吸系统疾病增多。

咳！
咳！

霾是怎样形成的

霾天气的出现有三大元凶。

① 大气污染物的排放，提供凝结核。大气污染物的排放与燃煤、汽车尾气、企业排放、供暖等都有关。

② 稳定的气象条件，有利于大气污染物的聚集和维持。

大气相对稳定时，空气垂直对流减弱，地面的风也小，不利于污染物的扩散。

大气边界层低，污染物厚度被压缩，近地面浓度升高，也有利于污染物的维持。

由于遮蔽了阳光，地面温度比高空低，上空容易形成"逆温层"，如同锅盖，更不利于污染物扩散。这时就会形成很严重的霾天气。

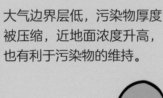

逆温层

③ 大气化学反应过程，使得霾的威力加剧。

一次污染物

二氧化氮　二氧化硫

一氧化氮　挥发性有机物

二次污染物

臭氧

颗粒物

尤其是在城市中，大气污染物更容易转为颗粒物。大气光化学反应会增加二次污染物，使得霾加重，甚至会产生光化学烟雾。

光化学烟雾

城市里的雾和霾

在城市中，雾和霾经常交替出现。

早晨还是雾为主，白天便会转化为霾。

冬季的霾越来越多。

人们戴口罩的时间越来越多。

人们也越来越多使用新风系统或净化器。

雾持续时间短。

雾有时会自己消散，持续的时间通常不长，带来的危害相对也小。

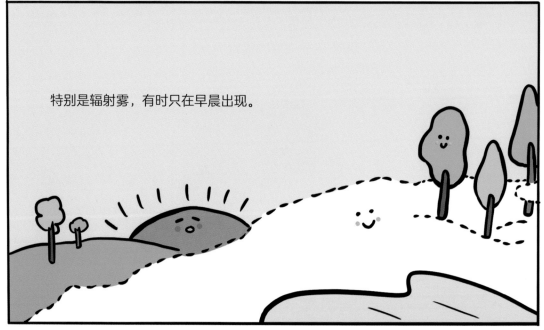

特别是辐射雾，有时只在早晨出现。

霾天只能等风来。

冬天人们经常盼望冷空气来，其实是盼望一场大风，能把顽固的大气污染物吹走。

什么时候来风啊？

要达到明显的清除作用，至少要刮起平均风力 4 级左右的大风。

雨雪的影响

除了大风，雨或雪对驱散大气污染物也有效果。

但降雨或降雪要够强，才能让污染物沉降到地面，起到打扫的作用。否则反而会帮倒忙。

雨雪弱的时候，反而会使得空气湿度加大，更有利于霾的维持。简直就是助纣为虐啦！

为什么霾多了

冬季，霾已经成为较常见的天气现象了。

其实，秋天的时候，霾就已经迫不及待地开始出现了。

渐渐的，霾在四季都有出现，但最多的时候仍是秋冬季。

人类活动加剧了污染物的排放，使得霾变多了。

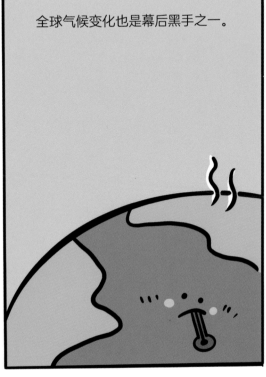

全球气候变化也是幕后黑手之一。

目前全球气候变化的主要特征就是变暖，尤其冬季最为明显。冬天越来越暖和了，能吹散霾的大风也少了。

不光大风，冬天的雪也在减少，尤其是能沉降污染物的大雪。所以冬季越来越容易出现霾。

预警和预防

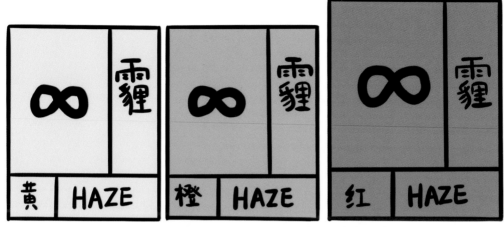

认识预警，从弱到强分为三个级别

提高防护。

发布霾橙色或红色预警时，减少或避免户外活动。

绿色出行，少开车，减少排放。

使用绿色能源，减少燃煤。

使用质量更好的汽油，减少污染物排放。

提高环保意识。

保护森林草原等绿色植被。

当遇到霾的时候，最重要的还是要根据天气，做好防护。

珍惜日常的努力，不再只能等风来。

词汇表

雾：悬浮在贴近地面的大气中的大量维系水滴或小冰晶的可见集合体。多发生于秋冬春季节的早晨到上午。雾和云的区别在于云不接触地面，而雾通常接触地面。

团雾：本质上也是雾，是受局部地区微气候环境影响，在大雾中数十米到上百米的局部范围内，出现的更浓、能见度更低的雾。一般来说，能见度只有几十米，甚至接近 0，覆盖长度只有 1~5 千米，有时还会飘动。

辐射雾：地面辐射冷却所造成的雾。夜间地面辐射冷却，使得贴近地面的空气层中水汽达到饱和，凝结成雾。一般发生在晴朗无风的夜间，日出前最浓；日出后，逐渐消散。

平流雾：暖湿空气平流到较冷的下垫面上，使得下部冷却而产生的雾。常发生在冬季，持续时间一般较长，厚度较大，多达几百米。

霾：悬浮在大气中的大量尘粒、烟粒的集合体，使空气变得浑浊，水平能见度降低到 10 千米以下的天气现象。

逆温层：在低层大气中，气温往往是随高度的增加而降低的。但有时在某些层次可能会出现相反的情况，即气温随高度的增加而升高，这种现象称为逆温。出现逆温现象的大气层称为逆温层。